不可捉摸的海洋

蓝灯童画 著绘

读者出版传媒股份有限公司
甘肃科学技术出版社

连接海洋边缘的陆地，叫作海岸。

海岸是我们度假的好地方。

西班牙的“太阳海岸”、法国的“蓝色海岸”及澳大利亚的“黄金海岸”，都因绝美的海滨风光而闻名。

灿烂的阳光，美丽的风景，人们在这里能够近距离接触大海。

平原海岸大多是平原地形被海水冲刷形成的。

因为有很多松软厚重的沙子，平原海岸又称为沙岸。

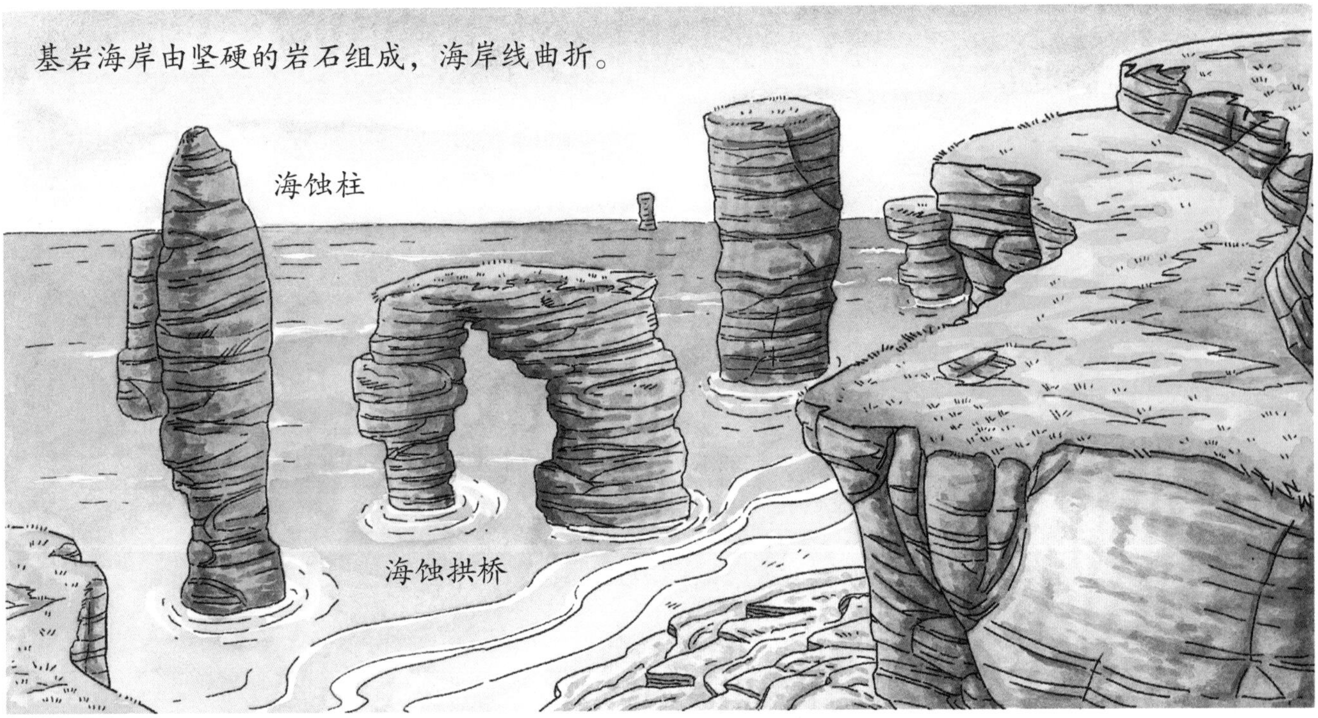

基岩海岸由坚硬的岩石组成，海岸线曲折。
海蚀柱
海蚀拱桥

海蚀洞

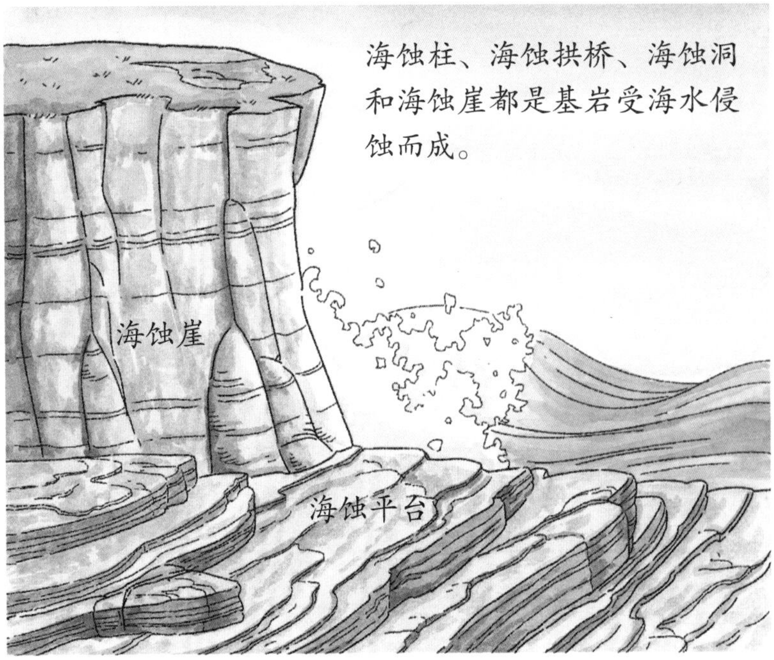

海蚀柱、海蚀拱桥、海蚀洞和海蚀崖都是基岩受海水侵蚀而成。
海蚀崖
海蚀平台

基岩海岸是岩石被海水冲击形成的海岸，巨浪向悬崖峭壁上冲撞时，伴随着巨大的轰鸣声，可以看到冲天的浪花。

贝壳堤海岸由贝壳及其碎屑混以沙粒组成。天津贝壳堤是著名的贝壳堤海岸之一。

由动物遗骸或植物组成的海岸，叫生物海岸。生物海岸主要有贝壳堤海岸、珊瑚礁海岸和红树林海岸。

珊瑚礁海岸是由造礁珊瑚、有孔虫、石灰藻等生物残骸构成的海岸。

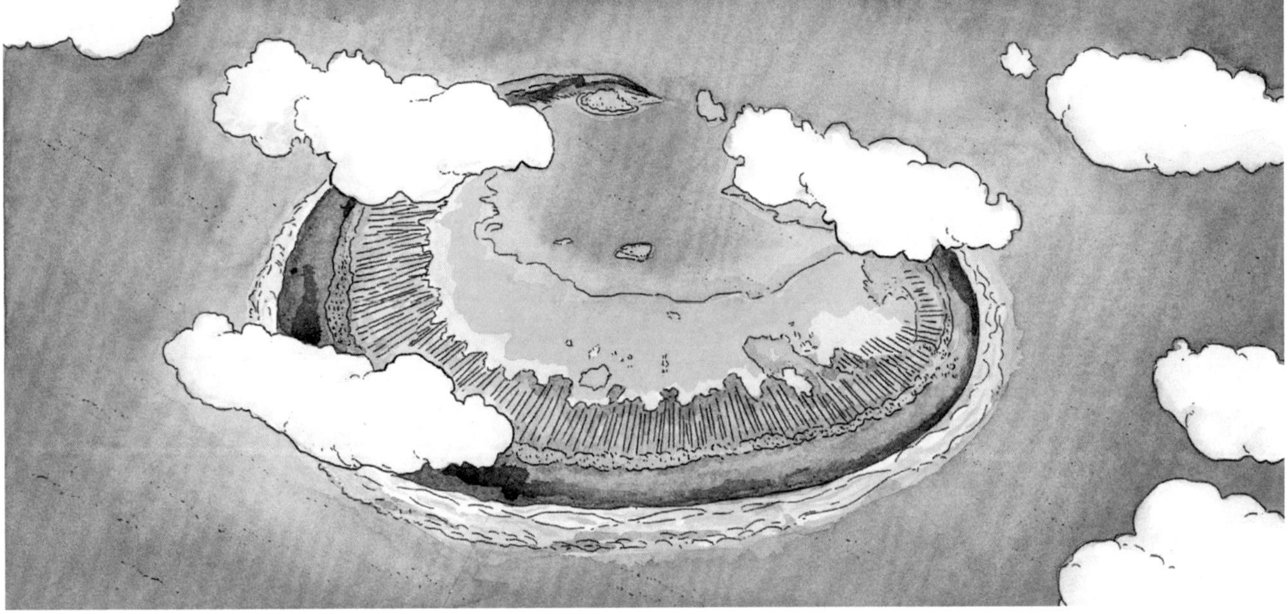

红树林海岸是由耐盐的红树林植物群落构成的海岸。

生物海岸因其地理位置和形成历史，成为科学家研究的重要对象。

红树林是生长在海边浅滩的木本生物群落。
红树林为海洋生物
提供栖息地。

在热带、亚热带地区的海岸，生长着这样一种植物——它们的树根泡在海水里，树干和叶子露出海面，这就是红树林。

红树林可以抵御风浪，保护岸堤，守护我们的家园。

红树皮含有大量的单宁酸，切开后，单宁酸会迅速氧化呈现红褐色，因此称为红树。

红树林并不是由红色的树木构成，其实它们大多是常绿的植物。

红树林能减弱水流的流速，削弱波浪的能量，是一道守卫海岸的防护林。

长期淹水，红树会很快死亡。

长期干旱，红树会生长不良。

红树植物的生长，依赖一定盐度的海水和潮汐的变化。它们中有很多是喜盐植物，对盐土有很强的适应性。

红树植物一般分布在高潮线与低潮线之间的潮间带。

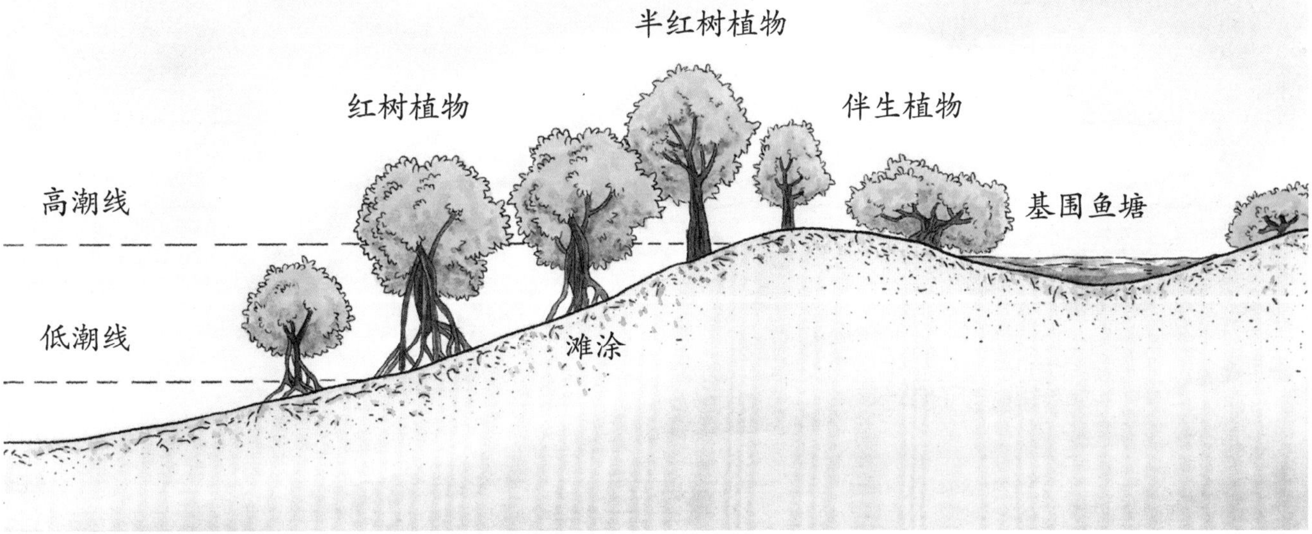

红树林、滩涂和基围鱼塘一起构成了红树林生态系统。

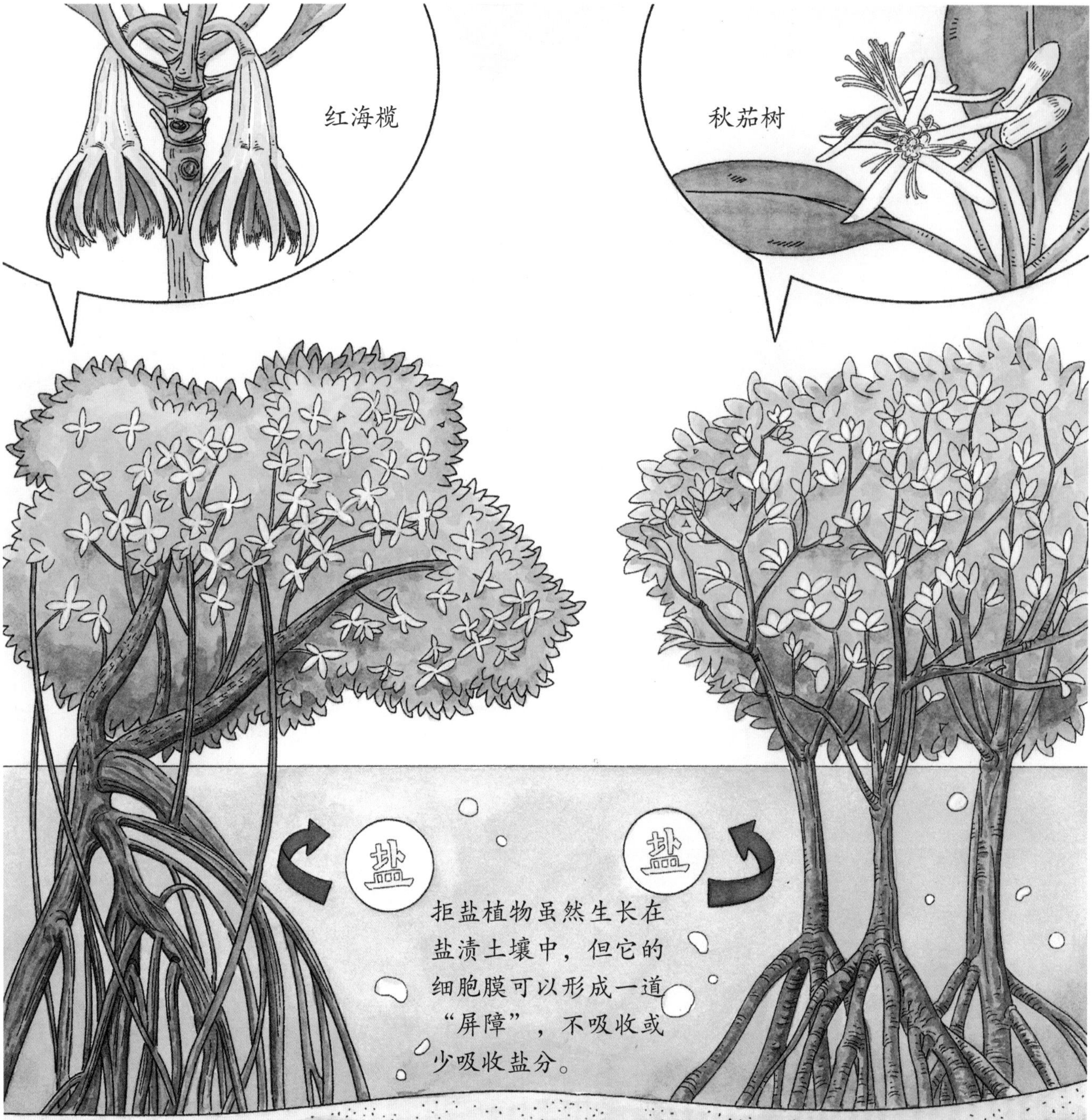

红海榄
秋茄树
盐
盐
拒盐植物虽然生长在盐渍土壤中，但它的细胞膜可以形成一道“屏障”，不吸收或少吸收盐分。

红树林中有些树种是拒盐植物，比如红海榄和秋茄树。

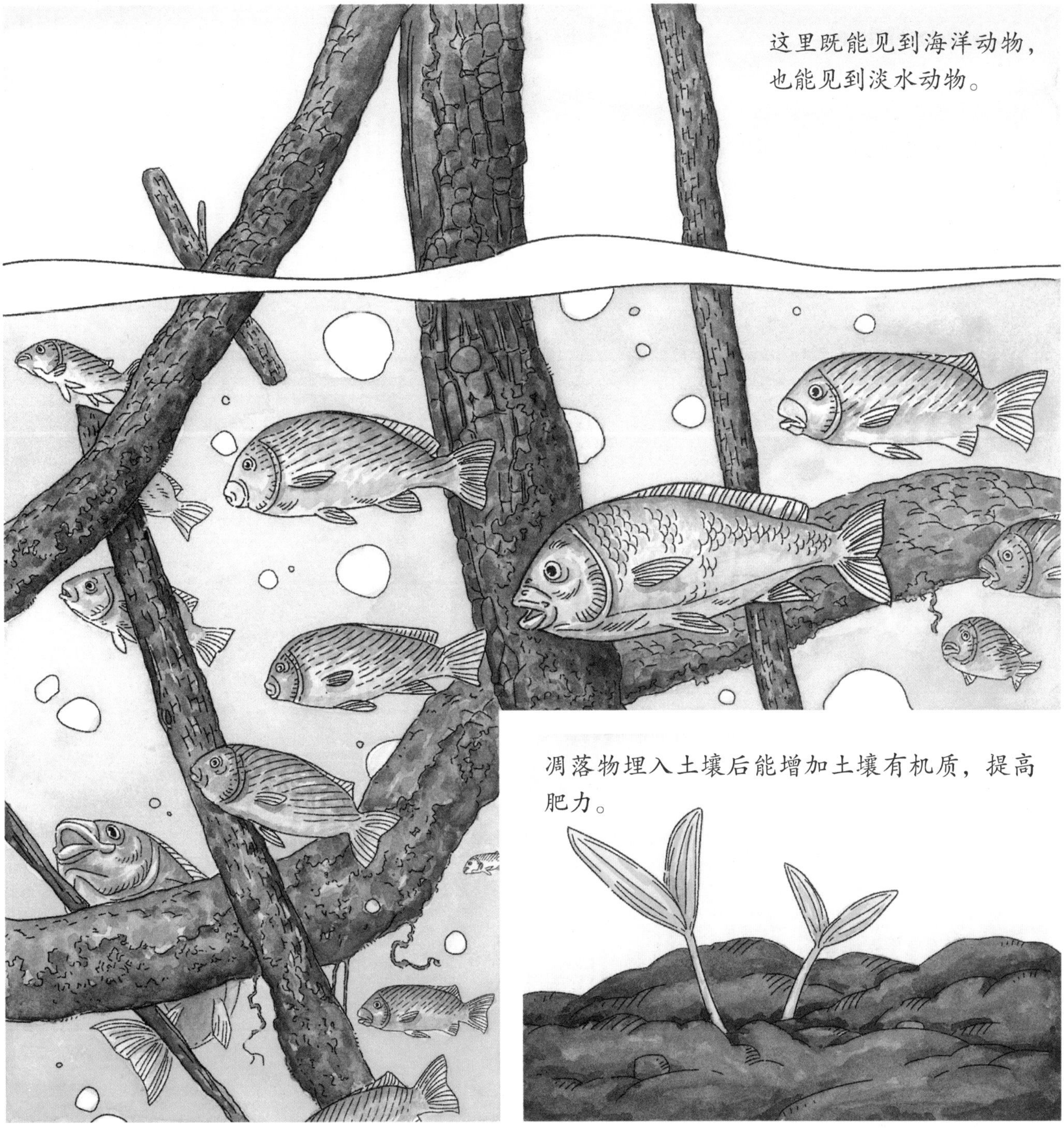
这里既能见到海洋动物，
也能见到淡水动物。
凋落物埋入土壤后能增加土壤有机质，提高
肥力。

掉入水中的树叶和枝干被分解成有机物后，成为鱼虾们的美味佳肴。

泌盐植物能像人出汗一样，将多余的盐分排出体外。

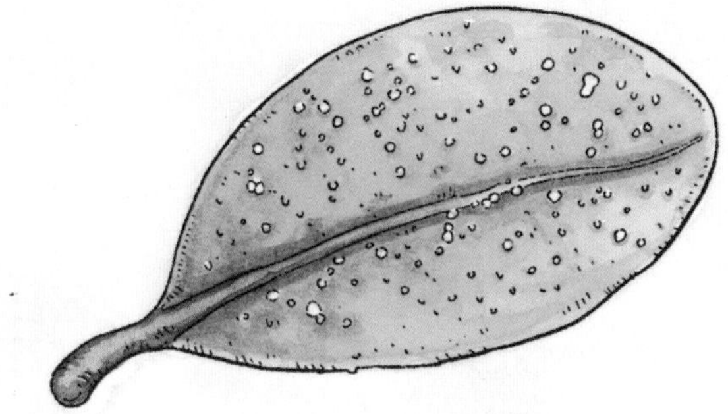

白骨壤叶片背面泌盐。

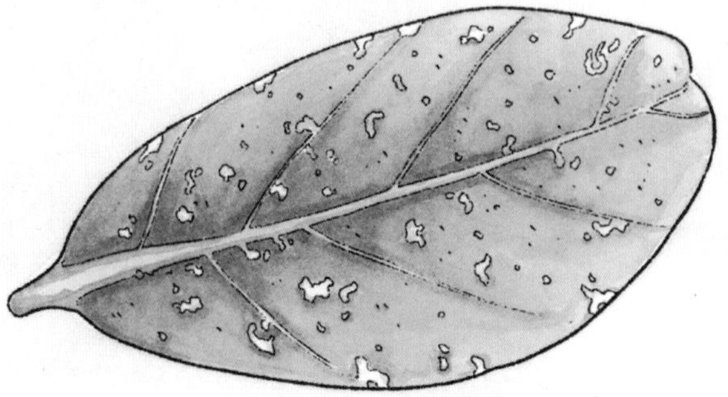

桐花树叶片正面泌盐。

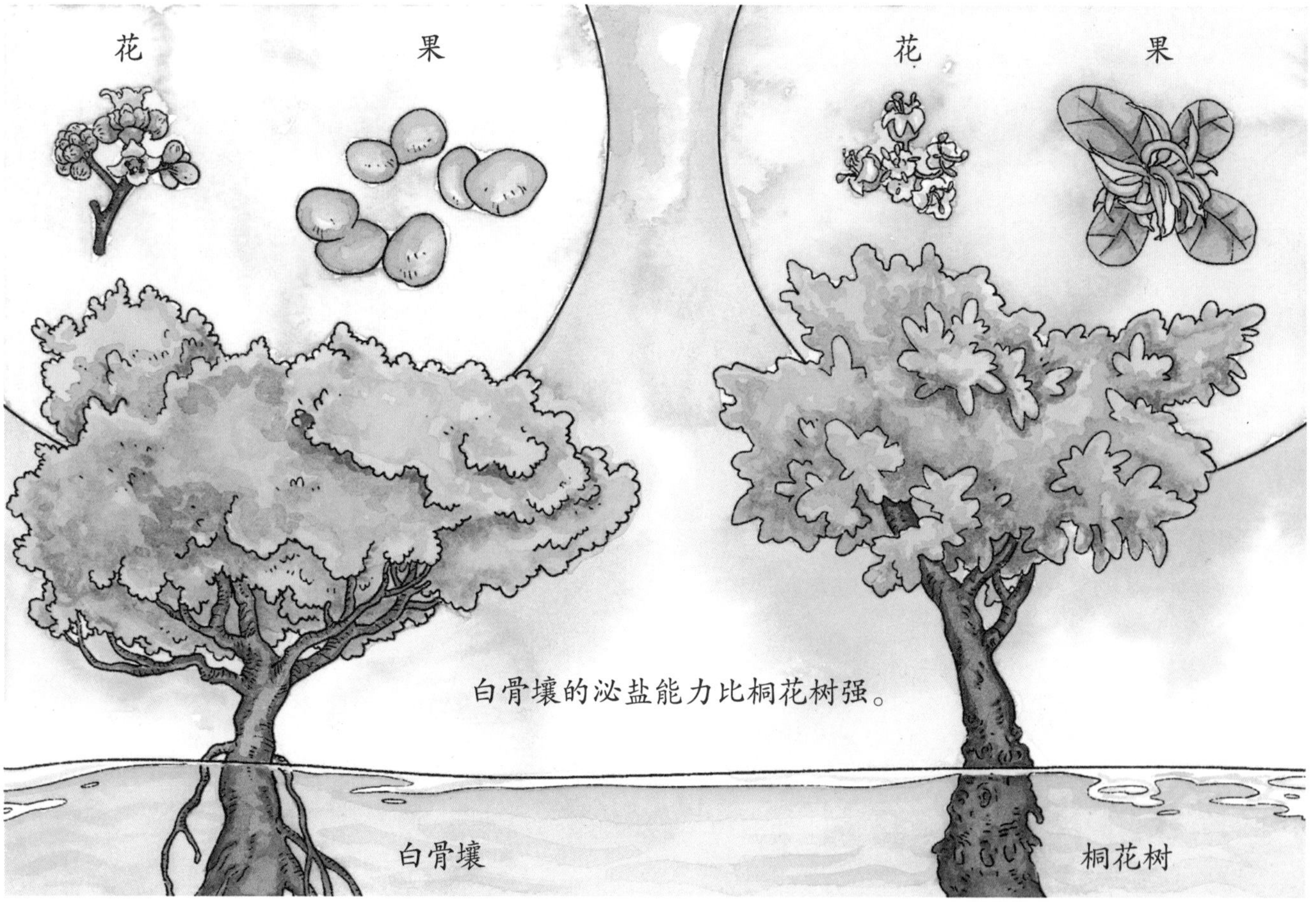

有些树种，叶片有盐腺，可以把吸收不了的多余盐分，通过盐腺泌盐的方式排出，称为泌盐植物，例如白骨壤和桐花树。

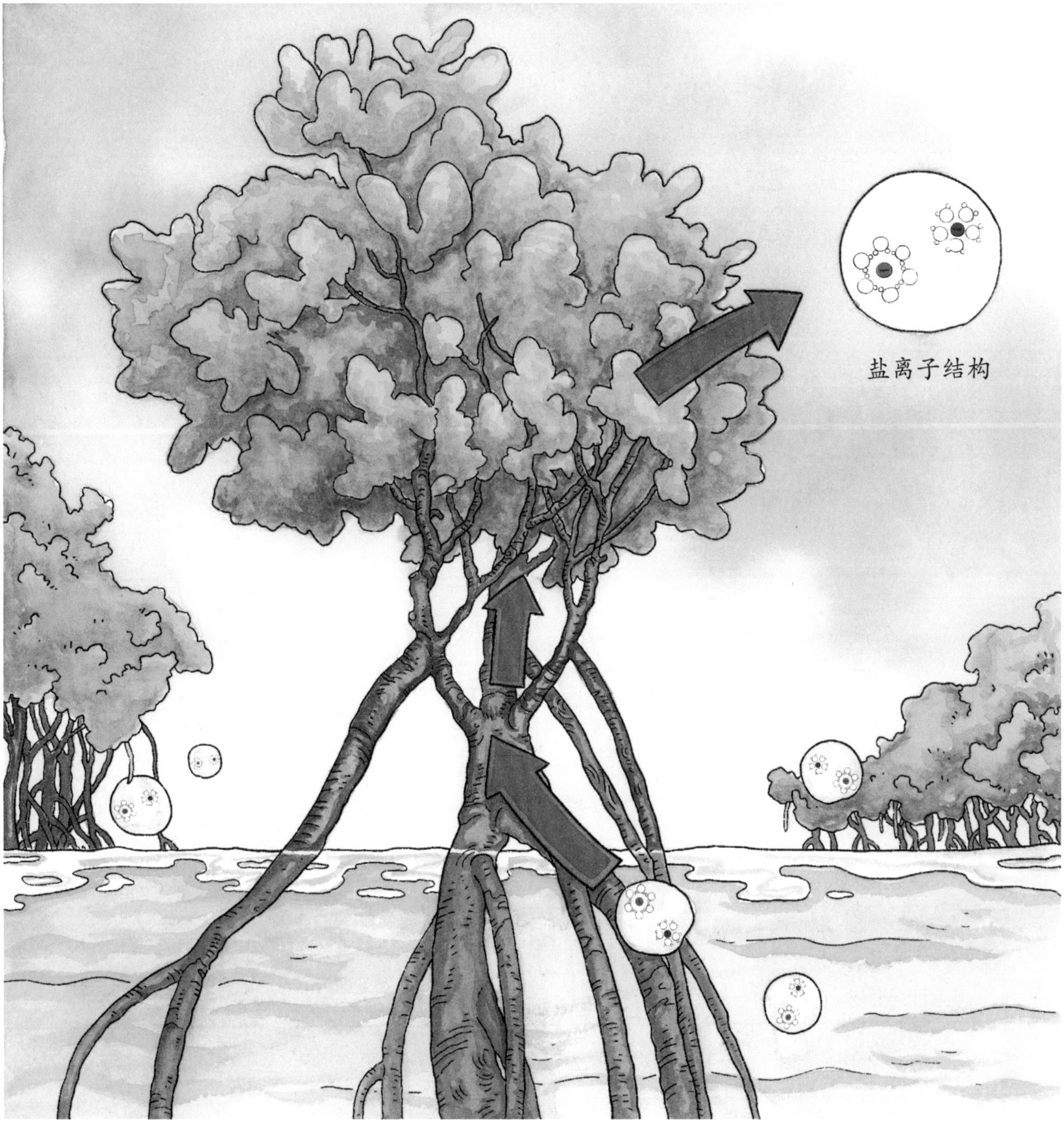

泌盐植物是海岸高盐环境的产物。和喜盐植物、拒盐植物一样，发展出了一套独特的生存本领。

红树的根系大多是伸出地面的，不仅便于支撑，还能像鱼儿露出水面一样去吸收氧气。

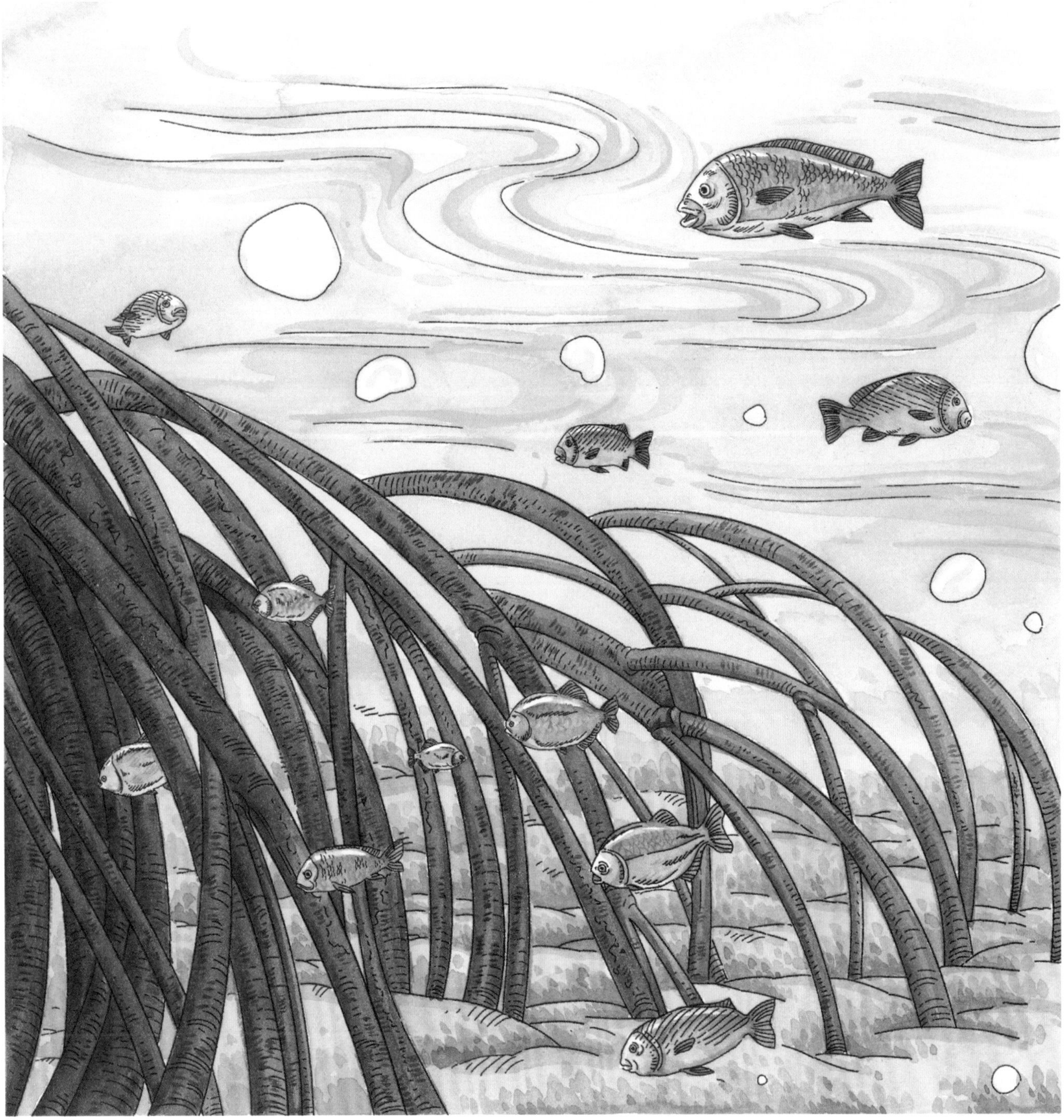

红树林奇特的根系不仅可以网罗海水中的碎屑，净化水质，还为鱼虾等动物搭建了一个安全、隐蔽的栖息地。

红树植物的胎生过程

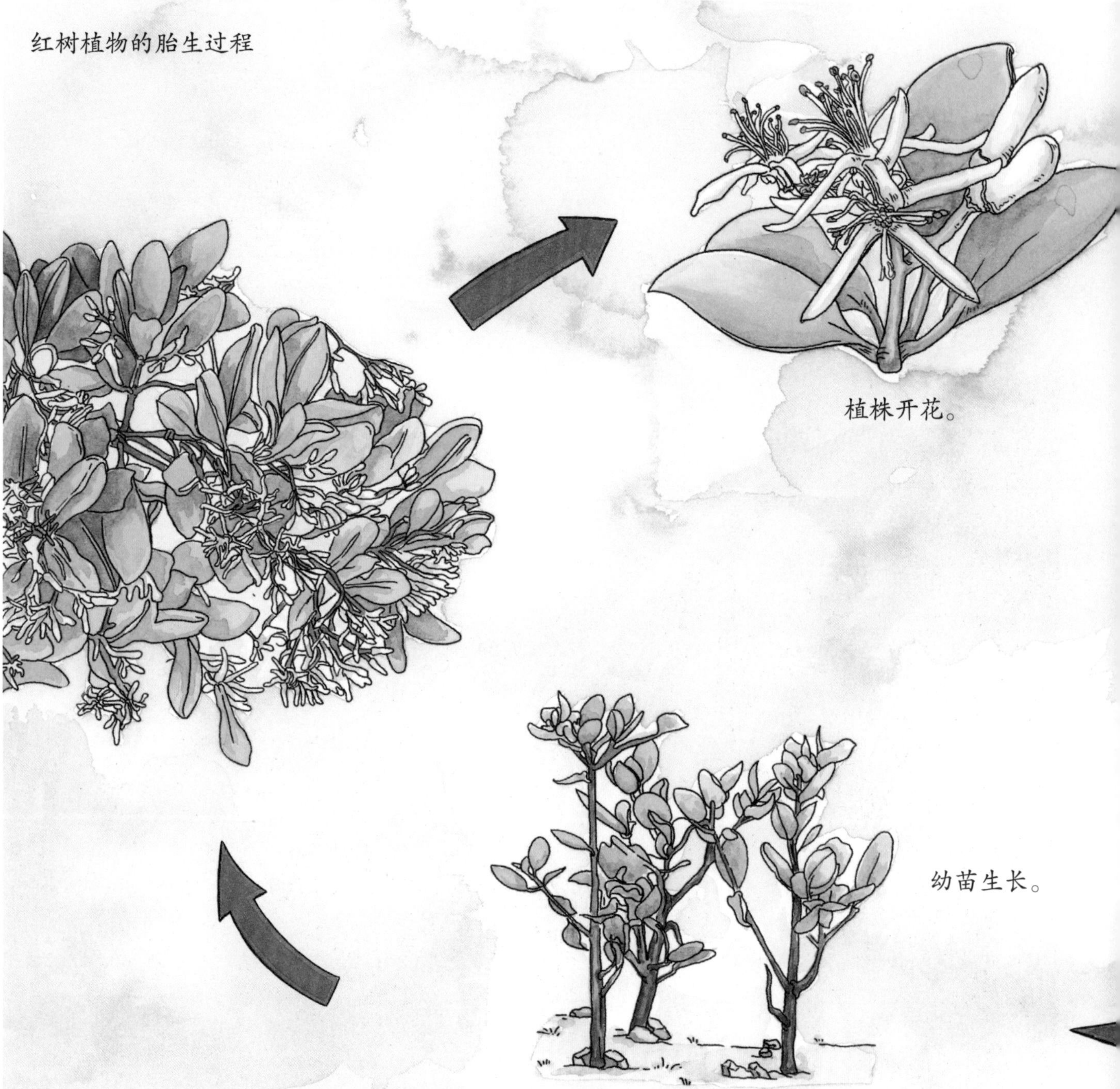

海岸土壤盐分很高，不适合种子发芽，所以红树的果实成熟以后，不会马上离开母树。它会继续从母树里吸取营养，长成一棵胎生苗后，才脱离母树独立生活。这种繁殖方式叫“胎生”。

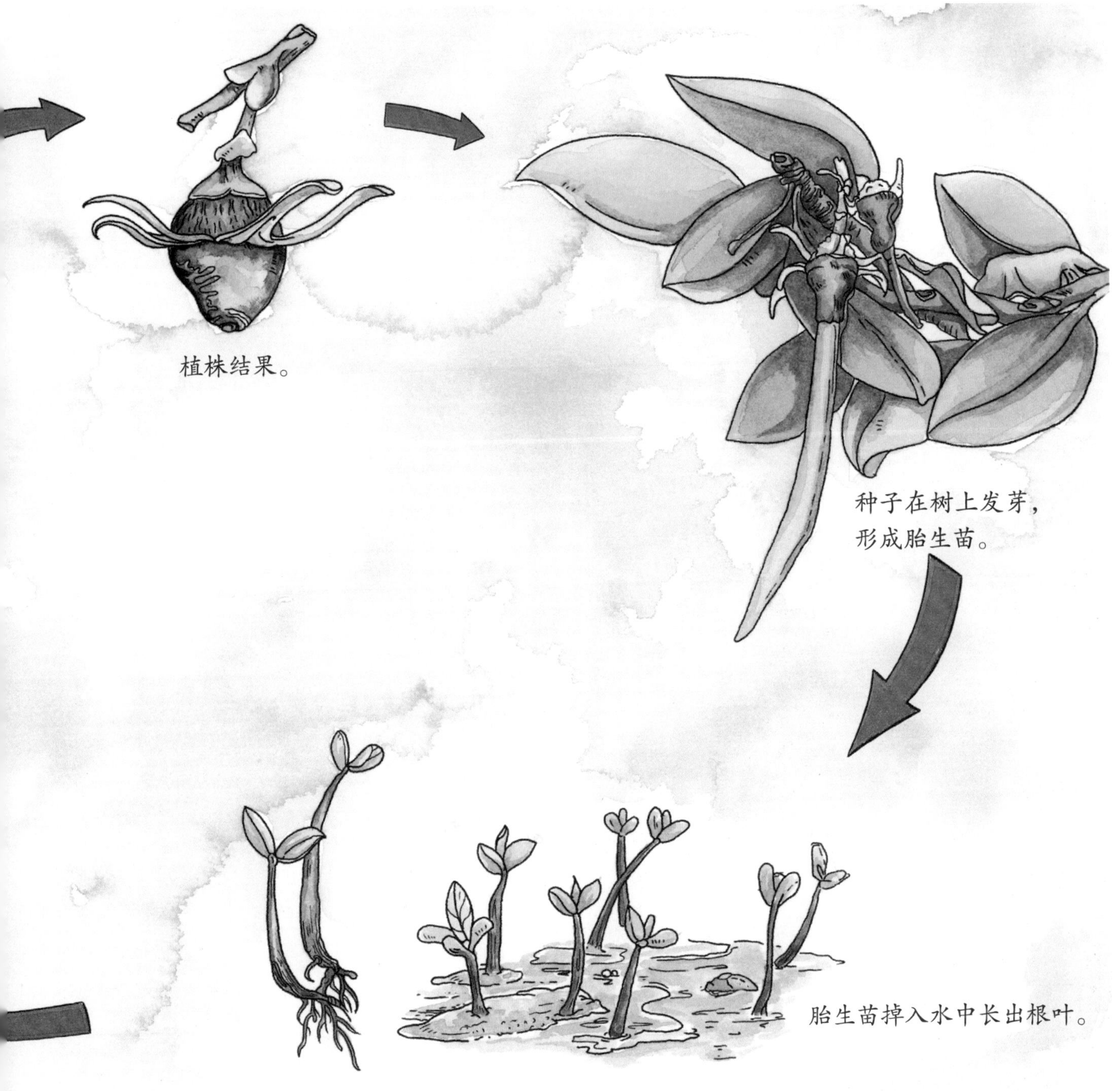

植株结果。
种子在树上发芽，形成胎生苗。
胎生苗掉入水中长出根叶。

红树植物胎生苗从母树脱离后会掉入水中，海水将胎生苗带去远方，遇到合适的泥滩后就会停下，生根发芽。瞧！又一片红树林要在海岸边生长起来了。

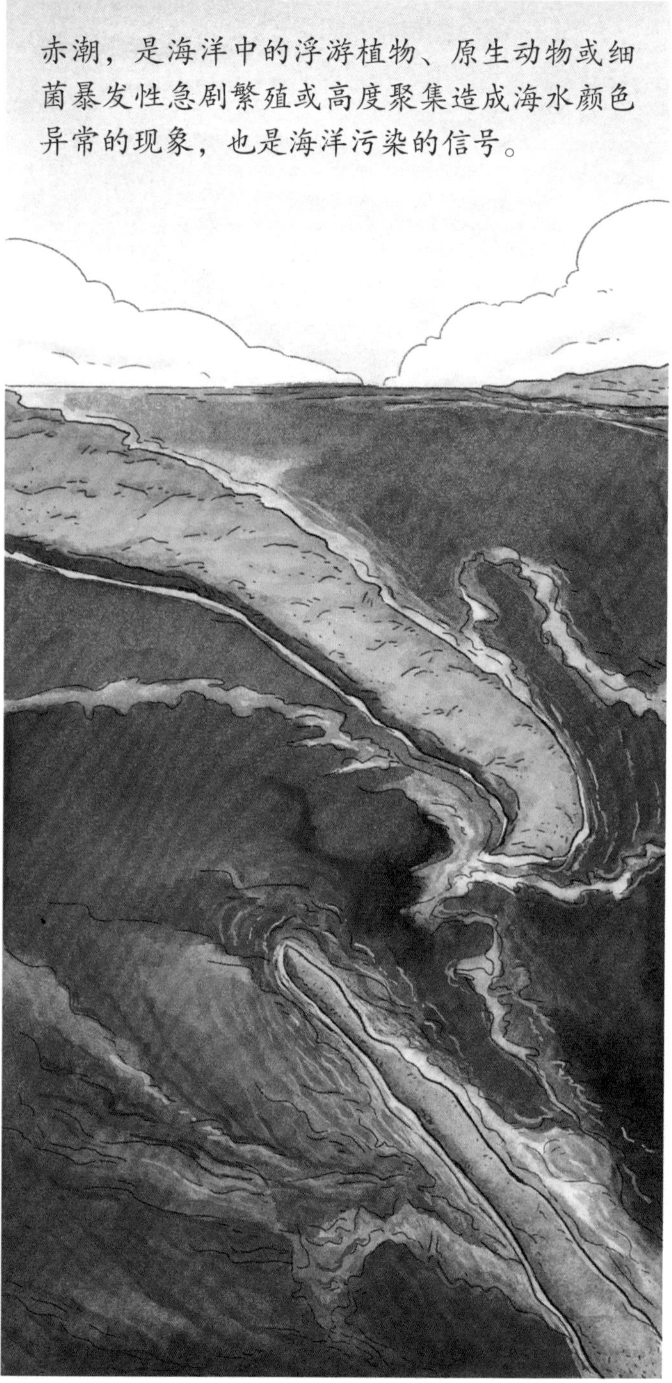

赤潮，是海洋中的浮游植物、原生动物或细菌暴发性急剧繁殖或高度聚集造成海水颜色异常的现象，也是海洋污染的信号。

红树林存在的海域，几乎从未发生过赤潮。

红树林能吸附海水中的有害物质，净化清洁水质，减轻海水的污染程度，有效预防赤潮的发生。

红树植物的凋落物掉进泥沼，会迅速分解成有机物，为林中的底栖动物提供营养物质。
这些动物又吸引各种鸟类和海洋动物来此觅食栖息。

红树林凋落的花、叶、枝条等，成为其他动物的食物，进而吸引更多的动物来此觅食栖息，形成独有的生态系统。

海岸是大海与陆地一起玩耍的地方，每一次涨潮都是大海在向我们问好。

海岸还生活着各种各样的动物。快看！白鹭在枝头跳舞，鱼儿在水中追逐，连螃蟹也在泥滩上“横行”呢！

红树林生态系统为海洋生物提供了一个安全的栖息地，也为附近的人类营造了一个干净美观的生态环境，造福着海岸线两侧的生物，是名副其实的海岸卫士！

蔚蓝的大海在阳光的照耀下，波光粼粼。但是，表面风平浪静的大海，实则暗流涌动，还时不时“发脾气”。

一些常见的海洋现象与我们的生活息息相关，如潮汐、波浪和洋流等。

一些不常见的海洋现象可能会给我们的生活带来影响，如台风、风暴潮和海啸等。

我们只有了解海洋的各种现象，才能更好地利用海洋资源，与海洋和谐相处。

当太阳、月球和地球近似处于一条直线上时，太阳和月球引起的潮汐相互叠加，使海面涨落的幅度较大，称为大潮。
太阳
太阳与月球的引潮力在一条直线上
月球
地球

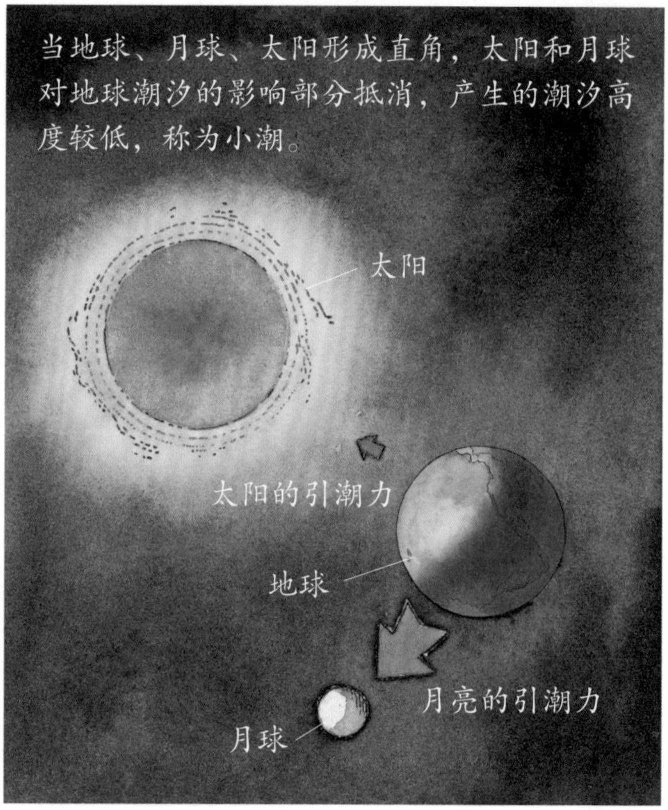
当地球、月球、太阳形成直角，太阳和月球对地球潮汐的影响部分抵消，产生的潮汐高度较低，称为小潮。
太阳
太阳的引潮力
地球
月亮的引潮力
月球

海水每天都会上涨和退落，人们把白天海水上涨的现象称为“潮”，把夜晚海水上涨的现象称为“汐”，合称为“潮汐”。

由于钱塘江河床变化多端，游客可以在沿岸不同的地方欣赏到交叉潮、一线潮、回头潮、冲天潮等多种景观。

潮汐还是一种清洁能源，可以用来发电。

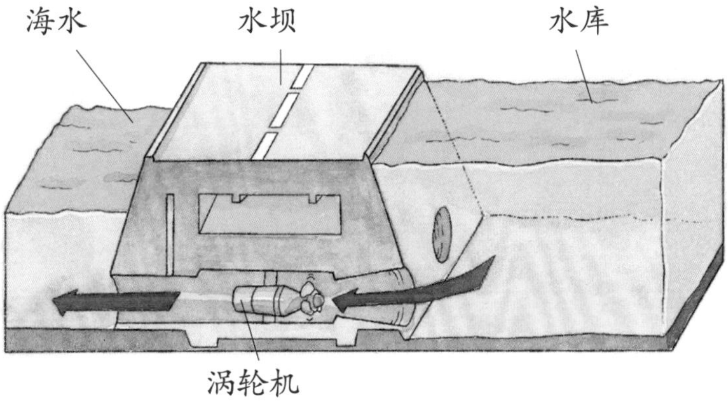

每年农历八月十六至十八，由于太阳、月球、地球几乎在一条直线上，海水受到的引潮力最大，人们可以观赏到天下闻名的钱塘江大潮。

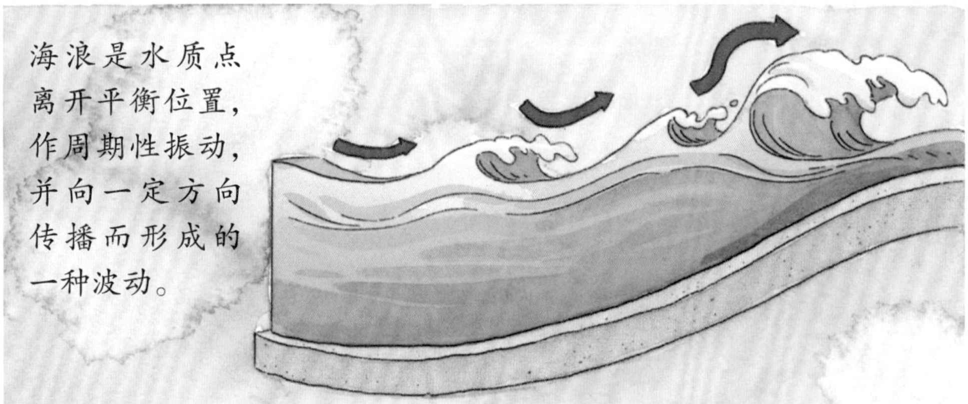

海浪是水质点离开平衡位置，作周期性振动，并向一定方向传播而形成的一种波动。

冲浪板种类繁多，常见的有长板、短板和趴板等。

风吹过海面引起的波浪就是海浪。风越大，形成的浪越高。海浪到达岸边时，通过拍打海岸和侵蚀作用刻画着海岸线的轮廓。

驰骋在海浪上是一种十分奇妙的体验，不过，冲浪作为极限运动具有一定的危险性。

洋流是海洋中海水沿着一定方向的大规模流动，按水温低于或高于所经海区可分为寒流和暖流。

1922 年，一艘满载玩具的货轮遭遇风暴，海浪把 2.8 万只橡皮鸭和其他玩具卷入北太平洋。这些鸭子没有聚到一起，而是分散到世界各地，由此为我们揭开了洋流的秘密。

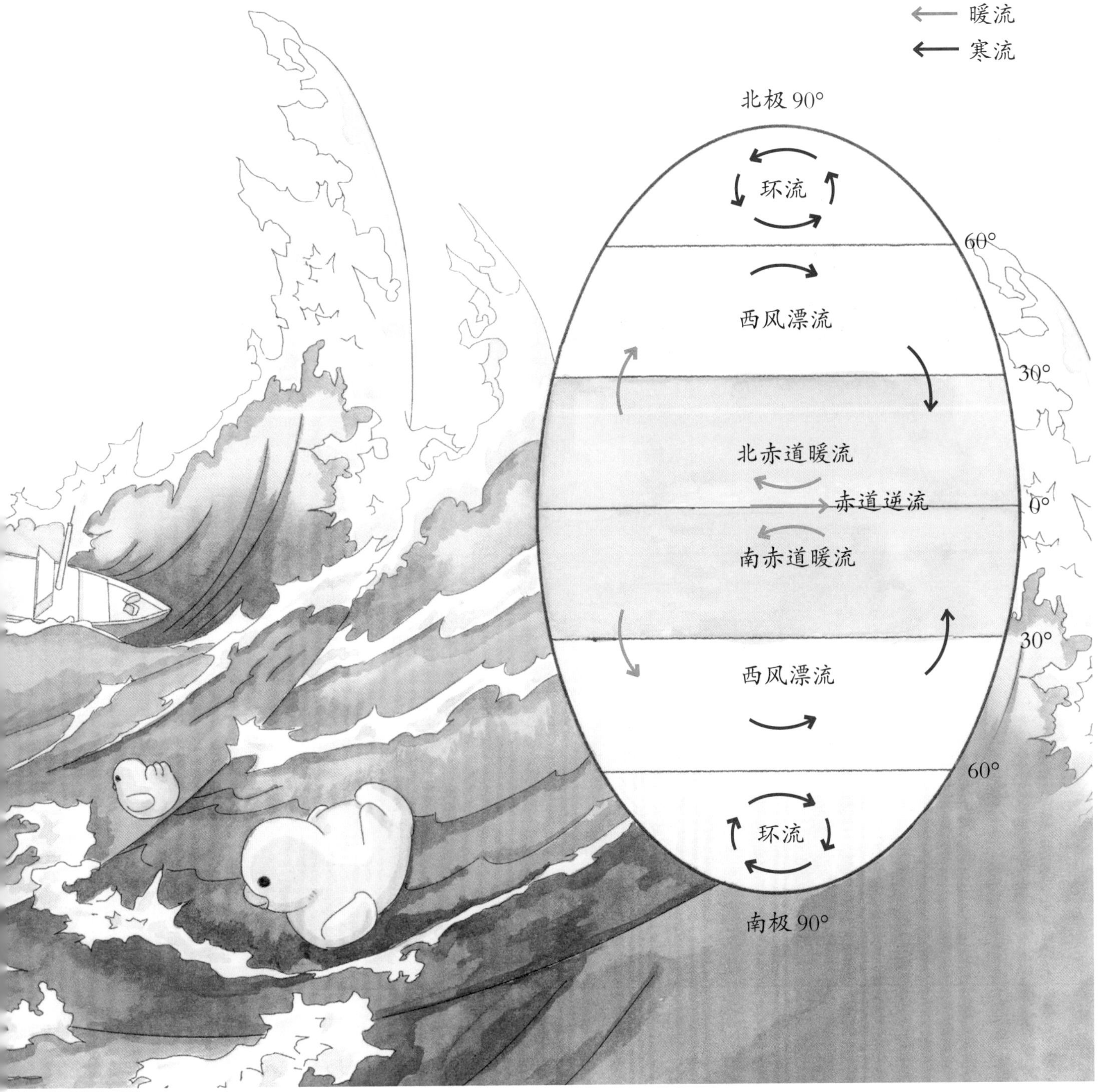

洋流深深地影响着我们的生活。掌握洋流的规律，对航运、渔业、海岸工程和国防均有重大意义。

海洋中海水的温度并不相同，如果洋流的水温比所经过海区的水温高，则称为暖流，如墨西哥暖流。

寒流区域上空的空气温度比海水平均温度高，空气中的水汽极易冷却凝结成雾。因此，寒流流域的海面多发海雾，对海上航行十分不利。

寒流与暖流正好相反，它的水温比所经海区的水温低。寒流降温，降湿，如千岛寒流、秘鲁寒流等。

能随风和海流漂流，可以自由移动的冰，称为浮冰。

与海岸、岛屿或海底冻结在一起的冰，称为固定冰。

对于航行的船只来说，海冰可能是致命威胁，著名的泰坦尼克号海难就是一次船只撞击冰山导致的灾难。

气温过低，海水会结冰。我们将大海里所有的冰统称为海冰。海冰有不同的来源，一种是由海水直接冻结而成的咸水冰，一种是大陆冰川断裂后进入海洋的淡水冰。

在缺乏陆地的北极地区，许多海象、海豹需要爬上浮冰才能生育后代，而北极熊只有借助海冰的掩护，才能悄无声息地靠近猎物。

对于生活在极地的动物而言，海冰是它们赖以生存的栖息地。

看似平静的大海也会突然暴跳如雷，海啸就是它发出的怒吼。

海啸会冲破河堤，掀翻船只，冲毁房屋，造成严重的人员伤亡和财产损失。

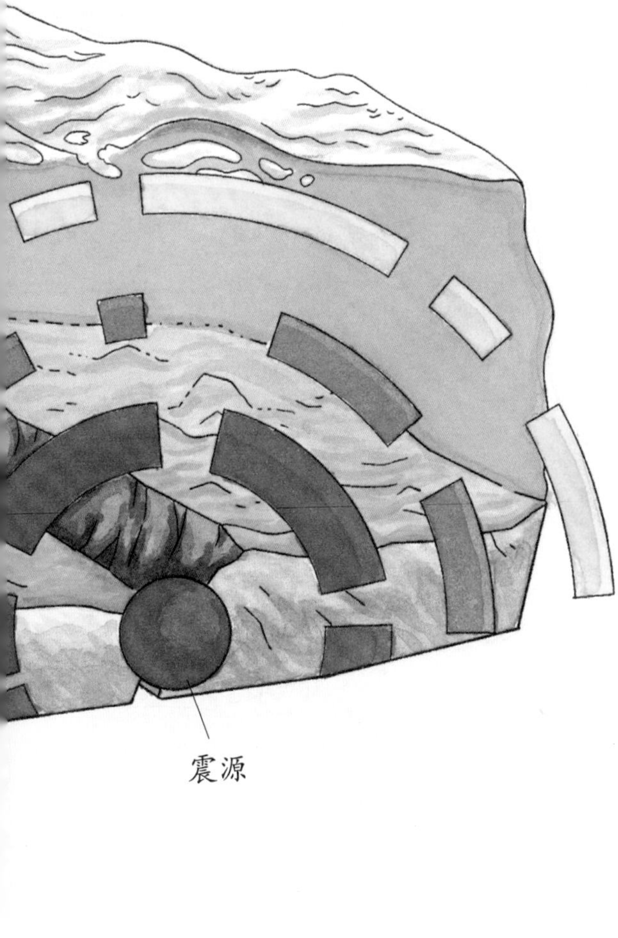

震源

人们已经建立起全天候海啸动态监测和预警系统，尽量减小海啸带来的破坏。

海啸的传播速度可达每小时 1000 千米，当它传播到海岸边时，可形成近似直立的巨大“水墙”，高达几十米，甚至上百米，破坏力极强。

热带或副热带海面上，
当气温高于26℃时，大
量海水会蒸发到空中，
形成热带低压。
台风眼
旋涡风雨区
外围大风区
受到气压变化和地球自转偏向力的影响，从四周流入
低压中心的空气开始旋转形成旋涡，这就是台风。

台风是发生在太平洋西部海洋和南海海上的热带气旋，是一种极强烈的风暴，中心附近最大风力达 12 级或 12 级以上。

台
风
蓝 TYPHOON
台风蓝色预警信号：表示24小时内可能或者已经受热带气旋影响，沿海或者陆地平均风力达6级以上，或者阵风8级以上并可能持续。

台
风
黄 TYPHOON
台风黄色预警信号：表示24小时内可能或者已经受热带气旋影响，沿海或者陆地平均风力达8级以上，或者阵风10级以上并可能持续。

台
风
橙 TYPHOON
台风橙色预警信号：表示12小时内可能或者已经受热带气旋影响，沿海或者陆地平均风力达10级以上，或者阵风12级以上并可能持续。

台
风
红 TYPHOON
台风红色预警信号：表示6小时内可能或者已经受热带气旋影响，沿海或者陆地平均风力达12级以上，或者阵风达14级以上并可能持续。

每到夏季，我国沿海地区就会出现台风的身影，台风所到之处狂风暴雨、波涛汹涌，是个实实在在的无敌破坏王。

风暴潮是由热带风暴、温带气旋、
冷锋的强风作用和气压骤变等天气
过程引起的海面异常升降的现象。

当台风嘶吼时，海面上会发生什么呢？随台风而来的除了狂风和暴雨外，还有风暴潮。

如果风暴潮与天文大潮相互叠加，就会大幅提升潮水高度，引起特大潮灾。天文大潮就是像钱塘江大潮那样的潮汐现象。

人们建造防潮闸抵御风暴潮。

风暴潮不仅会损毁海堤，还会淹没沿岸的建筑。

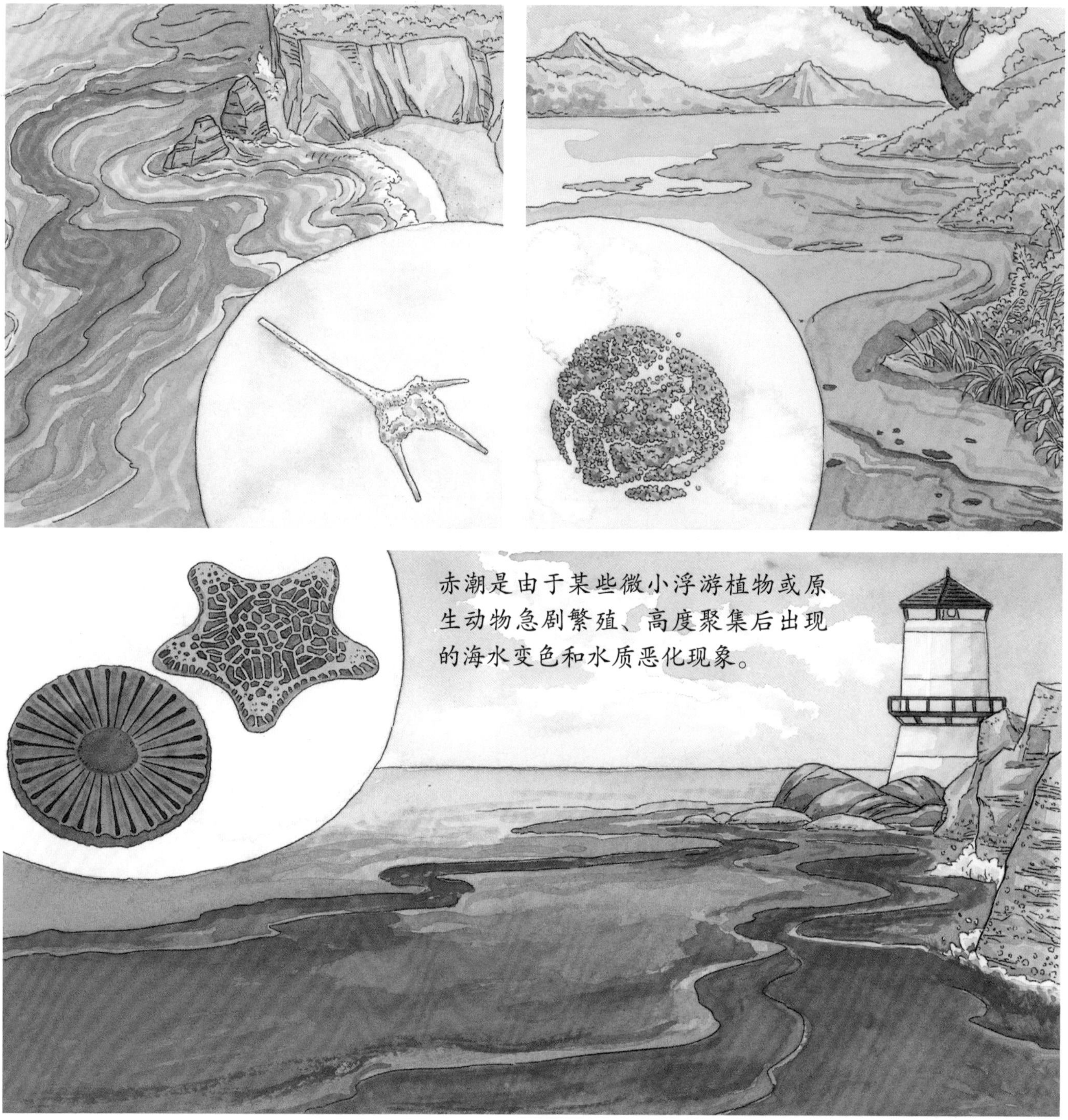
赤潮是由于某些微小浮游植物或原
生动物急剧繁殖、高度聚集后出现
的海水变色和水质恶化现象。

大海通常是蔚蓝色，但有时候，海水变成了红色、绿色、黄色或褐色。不要被这些绚丽的色彩迷惑，这其实是海面上发生了自然灾害，叫作赤潮。

人类向海洋中排放大量未处理的工业废水和生活污水，导致海水富营养化严重，浮游植物或原生动物大量繁殖，进而引发赤潮现象。
发生赤潮的海水常带有黏性，并有腥臭味。赤潮期间，海里的鱼、虾、蟹、贝类大量死亡，对水产资源破坏很大。

赤潮是海洋向人类发出的警告，一旦发生赤潮，生机勃勃的海洋将变得一片死寂。

大海虽然善变易怒，但它的性格并不是无法捉摸，人类已经具备了监测海洋现象、预报海洋灾害的能力。

大海是生命的起源，我们要与海洋和谐共存，才能让我们共同的家园——地球变得更加美好。

什么是什么
奇特的茎叶

什么是什么
美丽的花草

什么是什么
植物的馈赠

什么是什么
不一样的植物

什么是什么
史前动物与身边动物

什么是什么
沙漠动物与水中动物

什么是什么
极地动物与热带动物

什么是什么
地上和地下的动物王国

什么是什么
汽车飞机跑得快

什么是什么
轮船列车肚量大

什么是什么
工程机械好帮手

什么是什么
让一让城市作业车

什么是什么
花样主食和糕点

什么是什么
蔬菜水果要多吃

什么是什么
肉类水产营养多

什么是什么
大豆和调味品的秘密

什么是什么
海洋生物大揭秘

什么是什么
另类海洋生物

什么是什么
海底宝藏探秘

什么是什么
不可捉摸的海洋

什么是什么
奇妙的身体和衣服

什么是什么
身边的科学

什么是什么
物品哪里来

什么是什么
神奇电器仿生学

什么是什么
神奇的地球

什么是什么
善变的地球

什么是什么
地球和恒星

什么是什么
从银河系到宇宙

图书在版编目（CIP）数据

不可捉摸的海洋 / 蓝灯童画著绘 . -- 兰州 : 甘肃科学技术出版社 , 2021.4
ISBN 978-7-5424-2818-9

Ⅰ . ①不… Ⅱ . ①蓝… Ⅲ . ①海洋 - 普及读物 Ⅳ . ① P7-49

中国版本图书馆 CIP 数据核字 (2021) 第 061712 号

BUKE ZHUOMO DE HAIYANG
不可捉摸的海洋
蓝灯童画 著绘

项目团队 星图说
责任编辑 赵 鹏
封面设计 吕宜昌

出 版 甘肃科学技术出版社
社 址 兰州市城关区曹家巷1号新闻出版大厦 730030
网 址 www.gskejipress.com
电 话 0931-8125108（编辑部）0931-8773237（发行部）

发 行 甘肃科学技术出版社　印 刷 天津博海升印刷有限公司
开 本 889mm × 1082mm 1/16　印 张 3.5　字 数 24千
版 次 2021年10月第1版
印 次 2021年10月第1次印刷
书 号 ISBN 978-7-5424-2818-9　定 价 58.00元